烫发技术

（第2版）

主编　王金良　郝桂英

参编　杨　洲　葛云超　韩振星

北京理工大学出版社

BEIJING INSTITUTE OF TECHNOLOGY PRESS

图书在版编目（CIP）数据

烫发技术 / 王金良，郝桂英主编. —2版. —北京：北京理工大学出版社，2019.11（2022.1重印）

ISBN 978-7-5682-7835-5

Ⅰ.①烫…　Ⅱ.①王…　②郝…　Ⅲ.①理发–造型设计–高等职业教育–教材

Ⅳ.①TS974.21

中国版本图书馆CIP数据核字（2019）第271298号

出版发行 /	北京理工大学出版社有限责任公司	
社　　址 /	北京市海淀区中关村南大街5号	
邮　　编 /	100081	
电　　话 /	（010）68914775（总编室）	
	（010）82562903（教材售后服务热线）	
	（010）68944723（其他图书服务热线）	
网　　址 /	http://www.bitpress.com.cn	
经　　销 /	全国各地新华书店	
印　　刷 /	定州市新华印刷有限公司	
开　　本 /	787毫米×1092毫米　1/16	
印　　张 /	6	责任编辑 / 张荣君
字　　数 /	145千字	文案编辑 / 代义国
版　　次 /	2019年11月第2版　2022年1月第2次印刷	责任校对 / 周瑞红
定　　价 /	30.00元	责任印制 / 边心超

图书出现印装质量问题，请拨打售后服务热线，本社负责调换

教材建设是国家职业教育改革发展示范学校建设的重要内容，作为第二批国家职业示范学校的北京市劲松职业高中，成立了由职业教育课程专家、教材专家、行业专家、优秀教师和高级编辑组成的五位一体的专业教材建设小组，开发设计了符合美容美发技能人才成长规律，反映行业新理念、新知识、新工艺、新材料的发展改革示范教材。

　　本套教材采用单元导读、工作目标、知识准备、工作过程、学生实践、知识链接的教材结构，突出了项目引领、工作导向，在知识准备的基础上，熟悉工作过程、练习操作流程，最终通过实践，达到提高学生职业素养和职业能力的目的。

　　本套书在每一本教材的教材目标设计和选择上，力求对接国家职业资格标准；在每一本教材的教材内容设计和选择上，力求对接典型职业活动；在每一本教材的教材结构设计和选择上，力求对接职业活动逻辑；在每一本教材的教材素材设计和选择上，力求对接职业活动案例。因此，这套教材有利于学生职业素养和职业能力的形成，有利于学生就业和职业生涯的发展。

　　我国职业教育"做中学"的教材、技术类的专业教材基本定型，服务类的专业教材也正逐步走向成熟，文化艺术类的专业教材正处于摸索阶段。一般技术类的专业教材采用过程导向逻辑结构；服务类的专业教材采用情景导向逻辑结构；文化艺术类的专业教材应采用效果导向的逻辑结构。这套美容美发专业的教材，是一次由知识本位到能力本位转型的新的有益探索，向效果导向逻辑结构迈出了一大步。北京市劲松职业高中美容美发专业拥有十分优秀的师资和深度的校企合作，这是他们能够设计、编写出优秀教材的基本条件。

"烫发技术"是职业学校美发与形象设计专业开设的一门专业核心课程。本教材由北京市劲松职业高中美发与形象设计专业组依据国家职业标准编写。教材从职业能力培养的角度出发，以专业人才培养模式为主要教学形式，力求体现以工作过程为导向的教育理念，满足职业技能考核及行业用人的需求。

本教材在编写过程中始终坚持以学生为出发点，以职业标准为依据，以职业能力为核心的理念，采用单元式的编写方式，主要内容包括三个单元八个项目。本书的内容结构及课时分配如下：

单元名称	项目名称	课时
冷烫	十字烫发造型	18
	扇形烫发造型	18
	砌砖烫发造型	18
	蛇形烫发造型	18
热烫	斜卷排列烫发造型	14
	直发烫发造型	14
特殊烫发	皮卡路烫发造型	14
	锡纸烫烫发造型	16

本教材每个项目内容都包括理论与技能知识，并将理论知识与技能知识紧密结合，使学生通过学习能够利用理论知识指导技能操作。同时注重实践教学，对每个项目中关键技能点进行重点讲解，由浅入深，环环相扣，新颖、直观。教材安排了实践活动，使学生能够将理论与实践有机结合，增强了教材的实用性。

本书由王金良、郝桂英担任主编，杨洲、葛云超、韩振星参编。全书由郝桂英老师进行统稿，北京市劲松职业高中原校长贺士榕，杨志华老师、范春玥老师为本书的编写工作提供了大力的支持和帮助。

由于编者水平有限，书中难免有不足之处，恳请读者批评指正。

编　者

目录
CONTENTS

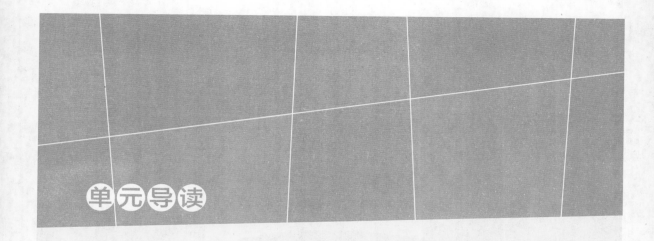

单元导读

内容介绍

　　烫发是指以物理及化学方法将头发转变成波纹或卷曲的状态,而冷烫是烫发里的一类,顾名思义,它是在常温下利用化学药剂的反应完成烫发过程的一种形式。在烫发操作中,每道工序都与整体质量紧密相连。这就要求美发师要熟悉烫发的基本原理、烫发的操作程序,熟练掌握操作方法和操作技巧,并能够能根据顾客的要求和客观条件,合理设计和制作发型。

单元目标

①能够在进入烫发、中和头发的程序之前做好准备,并且采取适当的防范措施。

②能够正确使用各种烫发产品,并能够根据不同的发质进行选择。

③能够掌握各种头发测试方法。

④能够叙述所有烫发排列的顺序。

⑤能够运用各种卷发技术来增加头发的卷度。

⑥能够在标准的时间内完成所有排列方式。

⑦通过烫发排列的练习,能在实际操作中顺利完成烫发造型。

项目一 十字烫发造型

项目描述:

十字烫发造型(见图1-1-1)又称为"标准卷杠烫发造型"。因为卷杠排列有一定的次序,排卷效果整齐而对称,操作起来比较方便,所以被美发行业人员广泛使用,一般在学习烫发排列技术时常作为基础来学习。十字烫发造型适合所有发质,在本项目中,我们以油性发质为例讲解十字烫发造型技术。

图1-1-1

工作目标:

①能够正确判断发质,根据不同的发质选择烫发方案。

②能够知道冷烫药水的基本原理。

③能够叙述十字烫发的操作程序。

④能够按照正确的方法完成十字烫发的操作。

一、知识准备

(一) 十字烫发造型的修饰作用

①弥补天生发型的不足。

②增加头发的发量感。

③增加个人形象魅力。

(二) 油性发质的特点

油性发质的人头部皮脂腺较丰富，分泌比较旺盛，头发油亮发光，发干直径细小，显得比较脆弱，虽然皮脂比较多可以保护头发不易断裂，但细发所需皮脂覆盖的总面积小，因此皮脂供过于求、油大于水。

(三) 冷烫的应用原理

烫发时将头发卷在不同直径和不同形状的卷芯上，在烫发水第一剂的作用下，大约有45%二硫化键被切断，而变成单硫键，这些单硫键在卷芯直径与形状的影响下，产生挤压而移位，并留下许多空隙，烫发水第二剂中的氧化剂进入发体后，在这些空隙中膨胀变大，使原来的单硫键无法回到原来的位置，而与其他与之相邻的单硫键重新组成一组新的二硫化键，使头发中原来的二硫化键的角度产生变化，使头发永久变卷。

冷烫的化学反应过程是：打开毛鳞片——使蛋白质膨胀——切断二硫化键串联多肽锁链——迫使移位——形成新键——连接新的二硫化键串联多肽锁键——平衡PS值——关闭毛鳞片。

(四) 烫发药水的成分

第一剂主要成分是阿摩尼亚，它是一种碱性药水，目的是切断头发内的蛋白质，使表皮层膨胀软化，以便于硫化物的渗透与吸收。

第二剂是氧化剂，主要成分是双氧水或溴化钠。它是酸性药水，目的是固定头发结构，使头发原来的蛋白质慢慢恢复活力。

(五) 选择冷烫液

抗拒性冷烫液：偏碱性，主要适用于对烫发液有一定抗拒性的发质，例如油性发、白发、发孔较少的发质。

(六) 烫发工具

尖尾梳：分区，梳理发片。

卷杠：用物理方式改变头发卷曲程度。

手套: 保护双手不受损伤。

皮筋: 将头发固定在卷杠上。

烫发纸: 增加头发与卷杠的摩擦, 将其包裹住。

围布: 遮盖客人颈部以下服装, 另外起到保护作用。

棉条: 将客人发际线周围围住, 以免上药水时药水遗洒到客人皮肤上。

肩托: 安放在客人肩部, 可以接住多余流下的烫发药水。

(七) 十字烫发适宜人群

适合所有发质的人。

适合中等发量的人。

适合短发、中长发及长发(不适宜超短发)的人。

适合有一定修剪层次的发型的人。

(八) 卷杠角度

卷杠角度 1	卷杠角度 2	卷杠角度 3	卷杠角度 4
取发角度120°: 增加头发的重感。	取发角度90°: 通常使用在旋位或分隔线的位置。	取发角度60°: 头发蓬松感不强。	取发角度45°: 使头发自然、不蓬松。

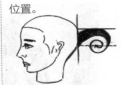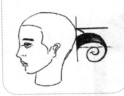

安全提示:

烫发液、拉直剂和定型水都是危险物质, 千万要远离客人的眼睛和皮肤。如果不小心滴到客人的皮肤上或衣服上, 要立刻用水洗掉。

 ## 二、工作过程

(一) 工作标准 (见表1-1-1)

表1-1-1

内容	标 准
准备工作	工作区域干净、整齐, 工具齐全、码放整齐, 仪器设备安装正确, 个人卫生、仪表符合工作要求
操作步骤	能够独立对照操作标准, 使用准确的技法, 按照规范的操作步骤完成实际操作
操作时间	在规定时间内完成任务

续表

内容	标　准
操作标准	十字卷杠分区准确
	发片宽度不超过卷杠直径
	从发根至发梢梳顺发片并拉直
	不能折弯发梢
	十字方法绑紧皮筋
整理工作	工作区域整洁、无死角，工具仪器消毒到位，收放整齐

（二）关键技能

1. 烫发分区

前区划分

从额骨两端分别向后划分两条平行直线到顶部为第一区。

注意：分第一区时应以卷杠的宽度为依据，区域宽度不得超过卷杠的长度。

后区划分

沿第一区的两条线分别延伸至后颈部，将后部区域横向均匀分出三区，由上至下为二、三、四区。

注意：因颈部较窄，两条竖线逐步变窄。

侧区划分

从左耳点到顶部划分一线，使左侧面形成前后两区，耳后区上下均分两区，为五、七区，耳前区为第九区。从右耳点到顶部划分一线，使右侧面形成前后两区，耳后区上下均分两区，为六、八区，耳前区为第十区。

完成分区

按头部结构完成分区。

2. 烫发纸的用法

单纸法
将烫发纸平整地放在发片上面。

对折法
将一张烫发纸放平后，把发片放在烫发纸的中后部，然后对折烫发纸，让其夹住发片。

双纸法
将两张烫发纸分别放在发片的上面和下面，用烫发纸将发片夹在中间。

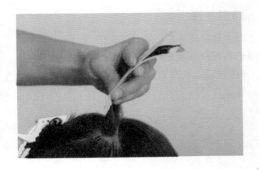

3. 卷杠的方法

底盘设定
使用尖尾梳挑出一个长方形发片，要求宽度不能超过卷杠的直径，发片的长度不能超过卷杠的长度。

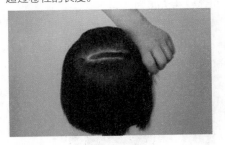

梳理发片
用尖尾梳将挑出的发片从发根至发梢梳顺，用食指和中指夹住发片。
注意：梳理发片时将头发垂直梳顺。

使用烫发纸

用单纸放在发片上面，用手夹住发片使烫发纸和发片同时向发梢滑动，超过发梢为止。

注意：发梢要梳直、梳顺，不要有窝发梢现象。

卷杠

拿起卷杠放在发片下面，用烫发纸包住卷杠，开始朝着头皮的方向卷发至发根。

注意：在卷发过程中，发卷与头皮始终保持平行，两只手的力度要一致。

固定卷杠

右手拿起皮筋套在卷杠的左边，拉到卷杠的右端绕在皮筋槽上，不要松手，捏住卷杠的右端，换左手拉住皮筋将卷杠的左端套上。

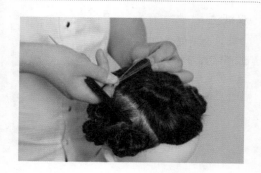

4. 十字烫发排列方法

第一区卷杠排列

从第一区头顶部位开始卷第一根发卷，发卷朝着额头方向，卷发角度为120°。从第二根发卷开始发卷角度为90°，所有发卷向前排列整齐。

第二、三区卷杠排列

操作第二、三区时，发卷方向向后枕骨方向整齐排列。

注意：第二区第一个发卷的角度为120°，其余发卷角度为90°。

第四区卷杠排列

卷到第四区时卷杠的角度从90°开始逐渐降低。

第五、六区卷杠排列

第一个发卷的底盘为三角形，提拉角度为120°，以后的发卷底盘设定从三角形逐步变为长方形，提拉角度为90°。

第七、八区卷杠排列

底盘设定从长方形逐渐变成三角形，提升角度从90°开始逐渐降低。

第九、十区卷杠排列

第一根发卷提升角度为120°，以下发杠提升角度均为90°。

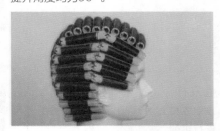

（三）操作流程

1. 烫前准备

①接待顾客并更换客袍。

②准备消毒毛巾、消毒围布、洗发液、烫发药水、防水棉条、吹风机、尖尾梳、肩托、护发素、卷杠、皮筋、烫发纸。

③检查顾客的头皮和判断发质，根据顾客的发质选择洗发用品及烫发药液。

④将顾客头发上的油渍和护发产品冲洗干净。

⑤依照顾客要求设计发型。

⑥软化头发。由于抗拒性发质不容易发生化学反应，所以在卷杠操作前要先涂放一次烫发药水，等待十分钟后再进行卷杠操作。

注意：操作时要穿戴好手套，保护好自己的双手。

2. 操作步骤

分区

按十字排列分区方法进行分区。

注意：分区线要清晰。

卷发杠

按照卷杠方法，以十字形排列方法进行排列。

采取保护措施

上卷杠完毕后，为了保护顾客皮肤，用棉条沿着顾客发际线围好，防止烫发药水滴到顾客的面部及身上。然后将肩托卡轻轻地放在顾客脖子上。

上烫发药水

一手拿住毛巾，将毛巾托在顾客颈部，防止药水滴到顾客的皮肤上，一手拿着烫发药水瓶。上药水时，按照每区从下往上的顺序重复涂放烫发药水。

设定时间

等待烫发时间，根据厂家的使用说明设定停放时间。

注意：停放时间要根据顾客的要求、室温及顾客发质等条件适当地延长或缩短。

查卷

到了设定的时间后，拿起一根卷杠，并将卷杠向外拉出，拉至一半时回送，观察发卷的弹性是否达到了设计要求。

用清水冲掉头发上所有烫发药剂。

注意：由于戴着发卷冲水，操作时要轻，不要使顾客感觉不适。

上定型剂

用棉条或毛巾将顾客头部四周围住，以免定型药水流到顾客的面部。

然后从下往上均匀地上透所有发卷。

设定时间，冷烫定型停放时间为10分钟。

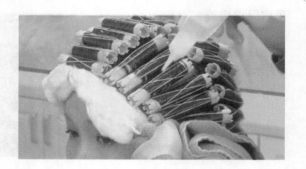

拆卷

轻轻地拆掉全头的卷杠。

轻柔冲洗，然后上护发素。

整型

按照设计的方案造型。

三、学生实践

（一）布置任务

学生在实训教室，利用三节课完成十字烫发的排列。利用教学假发进行操作。

思考问题:

①操作前的准备工作有哪些?

②十字烫发如何分区?

③十字烫发的排列程序是什么?

④操作完成后有什么问题?

(二)工作评价(见表1-1-2)

表1-1-2

评价内容	评价标准			评价等级
	A(优秀)	B(良好)	C(及格)	
准备工作	工作区域干净、整齐,工具齐全、码放整齐,仪器设备安装正确,个人卫生、仪表符合工作要求	工作区域干净、整齐,工具齐全、码放比较整齐,仪器设备安装正确,个人卫生、仪表符合工作要求	工作区域比较干净、整齐,工具不齐全、码放不够整齐,仪器设备安装正确,个人卫生、仪表符合工作要求	A B C
操作步骤	能够独立对照操作标准,使用准确的技法,按照规范的操作步骤完成实际操作	能够在同伴的协助下,对照操作标准,使用比较准确的技法,按照比较规范的操作步骤完成实际操作	能够在老师的帮助下,对照操作标准,使用比较准确的技法,按照比较规范的操作步骤完成实际操作	A B C
操作时间	在规定时间内完成任务	在规定时间内,在同伴的协助下完成任务	规定时间内,在老师帮助下完成任务	A B C
操作标准	十字卷杠分区准确	十字卷杠分区准确	十字卷杠分区不准确	A B C
	发片宽度不宽过卷杠直径	发片宽度与卷杠直径同宽	发片宽度与卷杠直径同宽	A B C
	从发根至发梢梳顺发片并拉直	从发根至发梢梳顺发片并拉直	发片没有梳通顺	A B C
	未折弯发梢	折弯发梢	折弯发梢	A B C
	用十字方法绑紧皮筋	用十字方法绑紧皮筋	没有绑紧皮筋	A B C

续表

评价内容	评价标准			评价等级
	A（优秀）	B（良好）	C（及格）	
整理工作	工作区域整洁、无死角，工具仪器消毒到位，收放整齐	工作区域整洁，工具仪器消毒到位，收放整齐	工作区域较凌乱，工具仪器消毒到位，收放不整齐	A B C
学生反思				

四、知识链接——毛发的化学性

毛皮质内的束由氨基酸分子所组成。毛发中约有22种氨基酸，每种氨基酸分子都含有不同比例的微量元素。

氨基酸相互结合进而形成大分子，也就是称为多胜态的长氨基酸，若长度够长，则称作蛋白质。其中一种最重要的长氨基酸链或蛋白质就是角质素的蛋白质。角质素的蛋白质使指甲、皮肤及毛发具韧性及弹性，毛发由于含此种蛋白质，因此可被拉长、压缩、卷曲及烫染。角质素的蛋白质在毛发内形成螺旋式缠绕如弹簧的长链。长链之间彼此交互连接已定型。链接的方式有三种：双硫键或硫键及氢键，键与氢键相对脆弱也容易断裂，有助于头发的拉长，这正是卷发的原理。角质素的蛋白质正常螺旋式缠绕称作角蛋白，当角质素蛋白质被拉长、塑型或吹发时就变成角蛋白，这种改变仅是暂时的，一旦毛发被弄湿或逐渐自空气中吸收了水分，蛋白角质又回到角蛋白的形式。双硫键虽较为坚固，但同样可经由烫发程序而改变。

项目二 扇形烫发造型

项目描述：

　　扇形烫发造型（见图1-2-1）是与十字烫发造型十分相似的一款烫发造型，其中间区域烫发造型保持十字烫发造型不变，两侧略有改动，其效果是为了让两侧更饱满，也是一款操作简单、运用广泛的烫发造型。扇形烫发造型适合所有发质的客人，在本项目中，我们以中性发质为例讲解扇形烫发造型技术。

图1-2-1

工作目标：

①能够说出与十字烫发的不同排列方法。

②能够叙述扇形烫发的操作程序。

③能够掌握扇形烫发的技能要点。

④能够根据扇形排列的要求完成扇形排列操作。

一、知识准备

(一) 扇形烫发造型的修饰作用

①调整脸形的缺陷。

②增加头发两侧区的设计感,使两侧更为丰满。

③增加个人形象魅力。

(二) 中性发质的特点

柔滑光亮,不油腻,不干枯,油和水分适中,容易造型。

(三) 选择冷烫液

普通冷烫液:弱碱性,适宜正常发质。

(四) 扇形烫发适宜人群

①适合所有发质的人。

②适合中等发量的人。

③适合中长发及长发的人。

④适合修剪层次较大的发型的人。

(五) 头发弹性测试

用拇指和食指握住一根头发然后慢慢地拉扯头发,若头发伸展能力强,即表示此头发弹力强;若弹性差,拉扯时会很快伸展开,但也很容易断裂。

一般而言,头发可以伸展五分之一的长度,并且松开后可回弹。

(六) 烫发前的洗发工作

①烫发前一般需要洗发,应使用酸性或柔性洗发液,不要抓挠头皮,否则会使头皮对烫发药水敏感。

②冲水时应格外小心,须确保将洗发液冲干净,因为残留的洗发液会抵消烫发药水的效果。

(七) 涂药水的几种方法

①涂药卷发:适用于粗硬的发质或长发。因为长发的尾端药水较难渗透,硬发对药水吸收较慢,所以要先涂药水然后卷杠。

②前涂湿法:适用于粗硬、油性发及抗拒性发质,先用第一剂药水涂湿全头,罩烫发

帽,使药水渗透到头发组织内部,然后再卷发杠。

③水卷法:适用于干性发质。先用水喷湿头发后卷发杠,将整个头发卷完后再上第一剂药水。

④护发卷发:适用于多孔性发质。在卷发前涂上护发剂等再卷发,全头卷完后再上药水。

(八) 烫发中的安全问题

①戴手套(在加入烫发液时)。

②如果烫发液进入客人的眼睛,尽快用棉花加冷水清洗,直到客人觉得疼痛感消失。

③在客人的发际线周围系上棉条,有助于吸收多余的烫发液,烫发时还应在烫发棒下放一团棉花吸收烫发液,以免烧伤客人。

④如果做卷太紧,烫发液会进入被拉起的头皮内部,造成感染。

⑤很多烫发液和定型水的产品说明十分相似,不要弄混。

 ## 二、工作过程

(一) 工作标准 (见表1-2-1)

表1-2-1

内容	标准
准备工作	工作区域干净、整齐,工具齐全、码放整齐,仪器设备安装正确,个人卫生、仪表符合工作要求
操作步骤	能够独立对照操作标准,使用准确的技法,按照规范的操作步骤完成实际操作
操作时间	在规定时间内完成任务
操作标准	扇形卷杠分区准确
	发片宽度不超过卷杠直径
	从发根至发梢梳顺发片并拉直
	不能折弯发梢
	十字方法绑紧筋
整理工作	工作区域整洁、无死角,工具仪器消毒到位,收放整齐

（二）关键技能

1. 扇形排列分区

第一区划分

从额骨两端分别向后划分两条平行直线到顶部为第一区。

注意：分第一区时应以卷杠的宽度为依据，区域宽度不得超过卷杠的长度。

后区划分

沿第一区向后分出均等的三份，为二、三、四区。

注意：因颈部较窄，中心线可以平行地缩小至颈底部，而形成后三区均等状态。

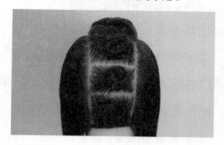

侧区划分

从右前额角向耳点划分弧线，将侧面头发分出两区，再将耳后区头发分成上下两区为五、六区，耳前部分头发分一区为第七区。左侧头发划分方法相同，为八、九、十区。

2. 卷杠的排列方法

第一区排列

先卷第一区，从前额开始上卷杠，发片的宽度不得超过杠子的宽度，厚不得超过卷杠的直径，发卷方向全部向后。

注意：第一区发卷方向向后，每区的第一个发卷角度为120°以上，以下的发卷一般为90°。

第二、三、四区排列

第一区卷完接着卷二、三、四区，卷杠方法相同。

注意：卷下边几区时，由于越靠近后发际线分发越窄，另外底部的头发往往比其他部位的头发质量要好，所以下边的发卷应越来越小。

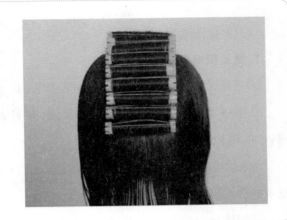

第五、六区排列

第一个发卷的底盘形状为三角形。

第二根卷杠在第一根卷杠的斜后方，底盘形状同样为三角形。

剩下的卷杠底盘与第二根卷杠底盘一致，不过随着区域弧度的变化，最后一个发卷的底盘由三角形逐渐变成长方形。

第七、八区排列

卷杠底座由于区域弧度的变化，从长方形变成三角形。

第九、十区排列

第九、十区的发卷竖片划分，卷后使发卷直立，角度为90°以上，方向向后。

注意：卷完后查看整体排列情况，应排列整齐，发杠表面平整。

（三）操作流程

1. 烫发前准备

①接待顾客并更换客袍，保护顾客服装，让顾客舒适地坐到烫发椅上

②准备消毒毛巾、消毒围布、洗发液、护发素、卷杠、皮筋、烫发纸、烫发药水、防水棉条、吹风机、尖尾梳、肩托。

③诊断顾客的发质，检查顾客头皮有无破损，本项目以中性发质为例，选择适合中性发质的洗发液和烫发液。

④用适合中性发质的清洁型洗发水洗发。洗发动作要轻柔，不要用力抓挠，以免抓伤头皮。

⑤根据本项目长发造型方案，为顾客做水平层次+方形层次修剪造型。

2. 操作步骤

分区

按照扇形排列分区方法进行分区。

注意：分区线要清晰。

卷发杠

按照卷杠方法，以扇形排列进行操作。

采取保护措施

为了保护顾客，要先把防水棉条、肩托依次为顾客铺设好。

注意：操作时不要太用力。

上烫发药水

一手拿住毛巾，将毛巾托在顾客颈部，防止药水滴到顾客的皮肤上，一手拿着烫发药水瓶。上药水时，按照每区从下往上的顺序重复涂抹烫发药水。

设定时间

一般发质烫发药剂的停放时间为10~15分钟。到时间后进行查卷并冲水。
注意：以烫发药水的使用说明为参考。冲水时不要拆掉发卷。

上定型剂

用棉条沿着发际线围紧，以免定型药水流到顾客的脸上。涂抹定型液时从下往上均匀地涂抹，直到每根发卷渗透药水。

设定时间

定型停放时间为10分钟。

拆卷

拆掉全头的卷杠。

轻柔冲洗,然后上护发素。

整型

按照设计方案进行造型。

三、学生实践

(一)布置任务

1.讨论

在教室利用20分钟的时间,以小组为单位进行讨论,讨论题如下:

①十字形排列与扇形排列的区别是什么?

②中性发质特点是什么?

2.扇形排列操作

利用四节课的时间,使用教学假发进行扇形排列操作。

思考题:

①扇形烫发造型如何分区?

②扇形烫发造型如何排列?

（二）工作评价（见表1-2-2）

表1-2-2

评价内容	评价标准			评价等级
	A（优秀）	B（良好）	C（及格）	
准备工作	工作区域干净、整齐,工具齐全、码放整齐,仪器设备安装正确,个人卫生、仪表符合工作要求	工作区域干净、整齐,工具齐全、码放比较整齐,仪器设备安装正确,个人卫生、仪表符合工作要求	工作区域比较干净、整齐,工具不齐全、码放不够整齐,仪器设备安装正确,个人卫生、仪表符合工作要求	A B C
操作步骤	能够独立对照操作标准,使用准确的技法,按照规范的操作步骤完成实际操作	能够在同伴的协助下,对照操作标准,使用比较准确的技法,按照比较规范的操作步骤完成实际操作	能够在老师的帮助下,对照操作标准,使用比较准确的技法,按照比较规范的操作步骤完成实际操作	A B C
操作时间	在规定时间内完成任务	在规定时间内,在同伴的协助下完成任务	在规定时间内,在老师帮助下完成任务	A B C
操作标准	扇形卷杠分区准确	扇形卷杠分区准确	扇形卷杠分区不准确	A B C
	发片宽度不宽过卷杠直径	发片宽度与卷杠直径同宽	发片宽度与卷杠直径同宽	A B C
	从发根至发梢梳顺发片并拉直	从发根至发梢梳顺发片并拉直	发片没有梳通顺	A B C
	未折弯发梢	折弯发梢	折弯发梢	A B C
	用十字方法绑紧皮筋	用十字方法绑紧皮筋	没有绑紧皮筋	A B C
整理工作	工作区域整洁、无死角,工具仪器消毒到位,收放整齐	工作区域整洁,工具仪器消毒到位,收放整齐	工作区域较凌乱,工具仪器消毒到位,收放不整齐	A B C
学生反思				

四、知识链接——毛发知识

毛表皮是无色细胞的最外层，用以形成毛发的保护膜，负责调节进入或破坏毛发的化学物质，进而保护毛发免于过热或干燥。细胞如同屋瓦一般层层重叠。毛表皮的层数与毛发的厚度成正比：毛表皮层越少毛发越细，毛表皮层越多则毛发越粗。

健康的毛发表皮处于密不透风的状态，可限制水分或化学物质的进入。相反，干燥或多孔毛发不是毛表皮受损，就是缺少部分毛表皮。毛表皮是否健康，可以吹头发所花的时间为评估指标。健康的毛发表皮在紧密堆叠的情况下，吹风机只要吹去发干上的水分即可；而有孔的毛发会吸收水分，因此需要较长的吹发时间，但同时也因接收的热气多，导致发质恶化。

毛皮质是毛发中间的最大一层，由类似线绳的长纤维物质构成。若贴近一点看，会发现每根纤维又是由更细小的纤维链构成。这些纤维的质地与状况，可决定毛发的韧度，纤维彼此连接的方式会直接影响卷度及拉长的能力（即弹性）。自然发色易于此处形成。色素散布于毛皮质各处，其颜色与散布的比例将决定毛发颜色。染发与烫发过程，也正是在此处产生化学反应。

毛髓质位于毛发最内层的中心处，只有中到粗质的毛发才会有。毛髓质沿着发长断续存在。毛髓质对于美发及护理不产生任何作用。

项目三 砌砖烫发造型

项目描述：

砌砖烫就是在烫发中将卷杠像砌砖一样进行排列，排列时没有固定整齐的顺序，排列后的效果乱中有序、错落有致，发根处没有明显的排列痕迹（见图1-3-1），砌砖排列方法多用于短发造型，男女顾客均可使用，特别对发量少的顾客有一定的帮助。在本项目中，我们以干性发质为例讲解砌砖烫发造型技术。

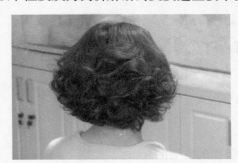

图1-3-1

工作目标：

①能够叙述砌砖烫发的操作程序。

②能够掌握砌砖烫发的技能要点和特点。

③能够利用烫发的基本方法完成砌砖烫发的操作。

④通过动手实践使学生积极参与教学活动，提高学生的学习兴趣。

一、知识准备

(一) 砌砖烫发造型的修饰作用

①改善脸形、头形的不足。

②使头发蓬松,增加发量。

③使头发有可塑性和变化性,改变外观形象。

④使细发变得更有弹性,粗发变得柔顺。

(二) 干性发质特点

干性头发皮脂分泌少,头发表现为粗壮、僵硬、无弹性、暗淡无光、发根往往卷曲、发梢分裂或缠结成团、易断裂和分叉。日光暴晒,大风久吹,空气干燥都可以破坏头发上的油脂并使水分丧失,导致头发发干受损。

(三) 选择冷烫液

选用受损性冷烫液,此种冷烫液为弱酸性,适合干性发质。

(四) 砌砖烫发适宜人群

①适合所有发质的人。

②适合发量中等或偏少的人。

③适合短发的人。

④适合修剪90°以上层次的发型的人。

(五) 选择烫发产品的基本条件

在烫发之前要根据不同的发质为顾客选择产品,熟知产品知识是非常关键的,无论为顾客使用何种产品,都需要对所使用的产品十分熟悉。在选择产品时,首先要做以下几个方面的工作。

①询问顾客,掌握顾客的需求。

②了解顾客是否有过敏史,是否在服用某种药物。

③检查头发及头皮状况,了解测试结果。

④确认库存内有你选定的产品,以免令顾客失望。

⑤判断头发是否为幼、中等、粗、厚、薄、多孔或具抗拒性的类型。

⑥头发的状况是否适合进行此操作。

⑦观察室内的温度,温度高会加速化学反应,温度低会减缓化学反应。

（六）安全提示：（见表1-3-1）

表1-3-1

事故	紧急措施
化学药品进入眼睛	用自来水冲眼睛，然后辅上药物
化学药品碰上皮肤	用水冲洗
误食化学药品	喝2~3杯水，立即进行治疗
吸入化学气体	将客人移到室外。如果持续咳嗽或喘不上气达到10分钟，就要寻求治疗
烧伤	用冷水冲或敷冰块，然后寻求治疗
烫伤	（同上）
小切口	压住出血口，直至止血，避免接触出血处，防止感染传染病；如有条件，让客人用干净的棉花堵住伤口，然后把污物扔到垃圾桶里
大切口	用棉花或干净的毛巾按住出血口，叫救护车送医院
电击	不要碰触电的人，立即切断电源，如果伤者停止了呼吸，立即进行人工呼吸并叫救护车
晕倒	是由脑部缺氧造成的，把客人头放置在双膝间，松开较紧的衣服，把脚抬到靠垫上高过头部

 二、工作过程

（一）工作标准（见表1-3-2）

表1-3-2

内容	标准
准备工作	工作区域干净、整齐，工具齐全、码放整齐，仪器设备安装正确，个人卫生、仪表符合工作要求
操作步骤	能够独立对照操作标准，使用准确的技法，按照规范的操作步骤完成实际操作
操作时间	在规定时间内完成任务
操作标准	发片宽度不超过卷杠直径
	从发根至发梢梳顺发片并拉直
	不能折弯发梢
	十字方法绑紧皮筋
整理工作	工作区域整洁、无死角，工具仪器消毒到位，收放整齐

（二）关键技能

1. 砌砖卷杠的排列方法

第一排卷发排列

从前额开始上卷杠，底盘为长方形发片，卷发角度为120°以上。

注意：第一个发卷定位要准确，为下面的排列奠定基础。

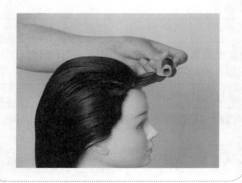

第二、三排卷发排列

前额完成第一个发卷后，第二排卷两个发卷，第三排卷三个发卷，主要目的是使发卷错开，烫后不会有明显的分界线。

注意：因头部是圆形的，因此在卷两侧发卷时，底盘为三角发片。

黄金点以上的卷发排列

前额完成之后，下一步的排列分别为两个卷、三个卷、四个卷、三个卷。大约卷到头部后边黄金点的地方。

注意：排列卷杠要错落有致，由于头部是圆形的，所以每一排发杠的数量是不一样的，为了能够使卷杠成弧形排列，两边要挑三角发片。

黄金点以下的卷发排列

以下部分继续做砌砖排列，仍然是中间底盘为长方形发片，侧部底盘为三角形发片，排卷数为三、四、三、四、三、四、三、二、三、二。

注意：每一排发杠要错落排列，不要有排队现象。

全头排列

完成后整体效果为圆形轮廓。检查有
无碎发掉落。

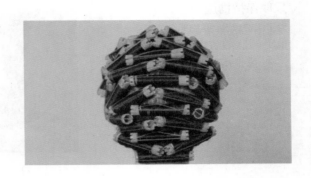

（三）操作流程

1. 烫发前准备

①接待顾客并更换客袍，收存好顾客衣物和随身物品。

②准备消毒毛巾、消毒围布、洗发液、护发素、卷杠、皮筋、烫发纸、烫发药水、防水棉条、吹风机、尖尾梳、肩托。

注意：工具在使用前一定要进行消毒。

③检查顾客的头皮和头发。

④用适合顾客发质的洗发水进行洗发。洗发要轻柔，不要用力抓挠。

⑤根据本项目造型方案，为顾客做均等层次+方形层次修剪造型。

2. 操作步骤

卷发杠

按照卷杠方法，以砌砖排列进行操
作。

采取保护措施

为了保护顾客，要先把防水棉条、肩托依次为顾客铺设好。

注意：操作时不要太用力。

上烫发药水

一手拿住毛巾，将毛巾托在顾客颈部，防止药水滴到顾客的皮肤上，一手拿着烫发药水瓶。上药水时，按照每区从下往上的顺序重复涂放烫发药水。

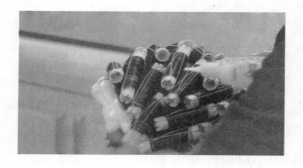

设定时间

干性发质烫发药剂的停放时间为7~10分钟。

注意：以烫发药水的使用说明为准。

查卷

将卷杠拆至一半，然后再往回弹，观察头发的卷度是否达到设计要求。用清水冲掉头发上所有烫发药剂。

注意：冲水时不要拆掉发卷。

上定型剂

用棉条沿着发际线围紧，以免定型药水渗下来。从下往上均匀地上透所有发卷。

冷烫定型停放时间为10分钟。

拆卷

拆掉全头的卷杠。

轻柔冲洗，然后上护发素。

整型

按照烫发效果打理发型。

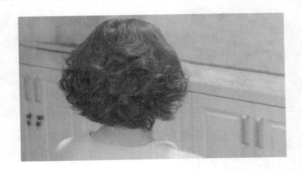

 ## 三、学生实践

（一）布置任务

1. 讨论

在教室利用40分钟的时间，以小组为单位进行讨论。讨论题如下：

①砌砖排列与其他卷发排列的区别是什么？

②砌砖烫的特点是什么?

2. 砌砖排列操作

利用四节课的时间,使用教学假发进行砌砖排列操作。

思考题:

①烫发的排列方法是什么?

②烫发的操作程序是什么?

（二）工作评价 (见表1-3-3)

表1-3-3

评价内容	评价标准			评价等级
	A(优秀)	B(良好)	C(及格)	
准备工作	工作区域干净、整齐,工具齐全、码放整齐,仪器设备安装正确,个人卫生、仪表符合工作要求	工作区域干净、整齐,工具齐全、码放比较整齐,仪器设备安装正确,个人卫生、仪表符合工作要求	工作区域比较干净、整齐,工具不齐全、码放不够整齐,仪器设备安装正确,个人卫生、仪表符合工作要求	A B C
操作步骤	能够独立对照操作标准,使用准确的技法,按照规范的操作步骤完成实际操作。	能够在同伴的协助下,对照操作标准,使用比较准确的技法,按照比较规范的操作步骤完成实际操作	能够在老师的帮助下,对照操作标准,使用比较准确的技法,按照比较规范的操作步骤完成实际操作	A B C
操作时间	在规定时间内完成任务	在规定时间内,在同伴的协助下完成任务	在规定时间内,在老师帮助下完成任务	A B C
操作标准	发片宽度不宽过卷杠直径	发片宽度与卷杠直径同宽	发片宽度与卷杠直径同宽	A B C
	从发根至发梢梳顺发片并拉直	从发根至发梢梳顺发片并拉直	发片没有梳通顺	A B C
	未折弯发梢	折弯发梢	折弯发梢	A B C
	用十字方法绑紧皮筋	用十字方法绑紧皮筋	没有绑紧皮筋	A B C

续表

评价内容	评价标准			评价等级
	A（优秀）	B（良好）	C（及格）	
整理工作	工作区域整洁、无死角，工具仪器消毒到位，收放整齐	工作区域整洁，工具仪器消毒到位，收放整齐	工作区域较凌乱，工具仪器消毒到位，收放不整齐	A B C
学生反思				

 四、知识链接——烫发的时间长短依据

烫发时间的长短主要考虑以下因素：

①室温。室温高会加速化学反应过程。

②头发的渗透性。渗透性越强，反应速度越快。

③客人的体温。如果客人头上戴着塑料帽，反应过程会加快。

④烫发液的强度。强度越高速度越快。

烫发成功与否不仅跟药水有关系，发卷的大小对烫发的效果也起着决定性的作用。

冷烫发花的大小最重要的因素在于卷杠的大小，烫发时要正确地选择卷杠的型号。

项目四 蛇形烫发造型

项目描述：

蛇形排列方法是将一束束头发以螺旋状缠绕在卷杠上，卷杠呈竖状排列，烫后的效果是头发形成波纹状（见图1-4-1）。蛇形排列方法主要用于长发低层次发型。由于低层次发型不容易形成花纹，选择此种排列方法能够使长发形成完美的花形。

图1-4-1

工作目标：

①能够叙述蛇形烫发的操作程序。

②能够掌握蛇形烫发的技能要点和特点。

③能够根据发质要求正确地选择烫发药液及烫发工具。

④能够利用蛇形烫发方法进行排列。

⑤能够完成蛇形烫发操作。

⑥能够以蛇形烫发的特点制定烫发方案。

一、知识准备

(一) 蛇形烫发造型的作用

①能够使无层次或低层次发型呈现出花纹。

②使头发蓬松,增加发量。

③改变外观形象,提升个人魅力。

(二) 蛇形烫发适宜人群

①适合所有发质的人。

②适合较少或中等发量的人。

③适合长发造型的人。

④适合修剪45° 左右层次的发型的人。

(三) pH值的参考数据 (mol/L)

头发: 4.5~5.5

洗发水: 6~6.5

烫发水: 8~9.5

护发素: 2.8~3.8

发膜: 3.5~3.8

离子烫和拉直膏: 11~13

(四) 烫发中的错误和修正方法 (见表1-4-1)

表1-4-1

错　误	原　因	修正方法
头发太卷	头发太油,没洗净 定型不成功 用的卷杠太少 烫发液太弱 烫发液施加不足 烫发时间不够	用较弱的烫发液重烫一次
有些地方没烫着	分区太宽 角度和烫发液的使用掌握不当 因疏忽落下的头发未卷上 定型剂施加不均匀	重烫直发部位 注意:把其他区的头发夹起来远离烫发液

续表

错 误	原 因	修正方法
太卷	烫发棒太小	稍稍拉直一些
烫发时间长,使头发干燥,从而显得比较直	烫发液太强 烫发时温度太高 用力过大 棒太小	做一下护发处理并修剪一下头发,不要重烫,否则头发会断裂
发梢呈鱼钩状	卷发不当,发梢没有被卷均匀地卷起来	剪掉它
头皮或皮肤受损	产品接触到皮肤 隔离霜没有抹到皮肤敏感区 头皮上有伤口	用水冲洗,在受伤区域抹止痛药
头发断裂	卷发时用力过大 皮筋太紧或扭曲 产品太强,时间过长	建议进行护发处理

 ## 二、工作过程

(一) 工作标准 (见表1-4-2)

表1-4-2

内容	标 准
准备工作	工作区域干净、整齐,工具齐全、码放整齐,仪器设备安装正确,个人卫生、仪表符合工作要求
操作步骤	能够独立对照操作标准,使用准确的技法,按照规范的操作步骤完成实际操作
操作时间	在规定时间内完成任务
操作标准	蛇形卷杠分区准确
	发片宽度不超过卷杠直径
	从发根至发梢梳顺发片并拉直
	不能折弯发梢
	十字方法绑紧皮筋
整理工作	工作区域整洁、无死角,工具仪器消毒到位,收放整齐

（二）关键技能

1. 蛇形排列分区

第一区划分

将发帘部位划分第一区。

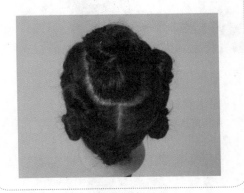

第二、三、四、五区划分

横线划分弧线，耳上两区为二、三区，耳下两区为四、五区。

注意：分区要宽窄一致，发片厚度不得超过卷杠的二分之一。

2. 卷杠的方法

底盘设定

使用尖尾梳在区域两侧发际线处挑出竖长方形发片，底盘为长方形，要求宽度不能超过卷杠的直径，发片的长度不能超过卷杠的长度。

梳理发片

用尖尾梳将挑出的发片从发根至发梢梳顺，用食指和中指夹住发片。

注意：梳理发片时，发片先竖向拉出。

使用烫发纸

将烫发纸对折包住发梢。

注意: 发梢要梳直、梳顺, 不要有窝发梢的现象。

卷杠

将发梢放在卷杠的下端包住发杠, 然后将发束向上螺旋状缠绕在卷杠上。

注意: 两只手的力度要一致。

固定卷杠

用皮筋固定。

3. 蛇形卷杠的排列方法

第五区排列

从第五区开始, 竖线划分, 挑长方形发片。梳顺并拉直发片, 使用烫发纸将发梢包住, 从发梢卷向发根, 最后用皮筋固定。

注意: 发片宽度不得超过卷杠的宽度。以螺旋方式向上卷发。

完成第五区卷发排列

第二区完成后, 卷杠整齐排列。每根卷杠都要卷到发根, 薄厚一致。

注意: 卷杠排列不能高于上面的分区界限, 以免影响上边的卷杠排列。

第四区排列

第四区的操作方法与第二区相同。

注意：发卷的方向要一致。

第三区排列

第三区因头部的弧度比较大，为了保持发片均匀，在转弯处挑成上小下大的三角形发片。

注意：两边的头发卷发方向分别向后。

第二区卷发排列

第二区完成后，卷杠排列整齐，这时呈伞状排列。

注意：上下卷杠交错排列，避免上下卷杠成一条直线，否则就会有明显的痕迹。

第一区排列

第一区可根据设计选择排列方法。

（三）操作流程

1. 烫发前的准备

①接待顾客并更换客袍，收存好顾客衣物和随身物品。

②准备消毒毛巾、消毒围布、洗发液、护发素、卷杠、皮筋、烫发纸、烫发药水、防水棉条、吹风机、尖尾梳、肩托。

③检查顾客的头皮和头发，根据顾客的发质选择烫发液。

④用适合顾客发质的洗发水洗发。

注意：洗发要轻柔，不要用力抓挠。如果用力抓挠头皮使头皮破损，则不能进行烫发操作。

⑤依据顾客脸形和要求，选择适合的修剪层次造型，为顾客剪发。

2. 操作步骤

分区
用蛇形排列分区方法进行分区。
注意：分区线要清晰。

卷发杠
按照卷杠方法，以竖杠排列进行操作。

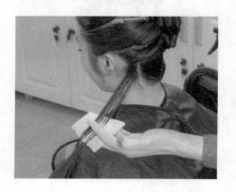

采取保护措施
为了保护顾客皮肤，要先把防水棉条、肩托为顾客铺设好。
注意：操作时不要太用力。

上烫发药水
一手拿住毛巾，将毛巾托在顾客颈部，防止药水滴到顾客的皮肤上，一手拿着烫发药水瓶。上药水时，按照每区从下往上的顺序重复涂放烫发药水。
设定停放时间，干性发质烫发药剂的停放时间为7~10分钟。
注意：停放时间以烫发药水的使用说明为准。

查卷

将卷杠拆至一半，然后再往回弹，观察头发的卷度是否达到设计要求。

用清水冲掉头发上所有烫发药剂。

注意：冲水时不要拆掉发卷。

上定型剂

用棉条沿着发际线围紧，以免定型药水渗下。从下往上均匀地上透所有发卷。

定型停放时间为10分钟。

拆卷

拆掉全头的卷杠。

轻柔冲洗，然后上护发素。

整型

按照设计方案整理发型。

 ## 三、学生实践

（一）布置任务

在实训基地，利用四节课的时间，以小组为单位，用真人模特进行蛇形排列操作。

思考问题：

①蛇形排列与其他卷发排列的区别是什么？

②蛇形烫发的特点什么？

③蛇形烫发操作时发卷的变化是什么？

（二）工作评价（见表1-4-3）

表1-4-3

评价内容	评价标准			评价等级
	A（优秀）	B（良好）	C（及格）	
准备工作	工作区域干净、整齐，工具齐全、码放整齐，仪器设备安装正确，个人卫生、仪表符合工作要求	工作区域干净、整齐，工具齐全、码放比较整齐，仪器设备安装正确，个人卫生、仪表符合工作要求	工作区域比较干净、整齐，工具不齐全、码放不够整齐，仪器设备安装正确，个人卫生、仪表符合工作要求	A B C
操作步骤	能够独立对照操作标准，使用准确的技法，按照规范的操作步骤完成实际操作	能够在同伴的协助下，对照操作标准，使用比较准确的技法，按照比较规范的操作步骤完成实际操作	能够在老师的帮助下，对照操作标准，使用比较准确的技法，按照比较规范的操作步骤完成实际操作	A B C
操作时间	在规定时间内完成任务	在规定时间内，在同伴的协助下完成任务	在规定时间内，在老师帮助下完成任务	A B C
操作标准	蛇形卷杠分区准确	蛇形卷杠分区准确	蛇形卷杠分区不准确	A B C
	发片宽度不宽过卷杠直径	发片宽度与卷杠直径同宽	发片宽度与卷杠直径同宽	A B C
	从发根至发梢梳顺发片并拉直	从发根至发梢梳顺发片并拉直	发片没有梳通顺	A B C
	不能折弯发梢	折弯发梢	折弯发梢	A B C
	用十字方法绑紧皮筋	用十字方法绑紧皮筋	没有绑紧皮筋	A B C
整理工作	工作区域整洁、无死角，工具仪器消毒到位，收放整齐	工作区域整洁，工具仪器消毒到位，收放整齐	工作区域较凌乱，工具仪器消毒到位，收放不整齐	A B C
学生反思				

四、知识链接——慎重使用化学药品与安全防护

烫发与其他美发服务一样，头发的状况是要首先考虑的，若正确使用化学药剂并谨慎处理，就不会损伤头发的质量。发质与化学药剂在头发上的作用直接相关，若头发在经过烫发或拉直后，仍能保持一定的湿润度、光泽、一定的强度、易相容性和绝佳的弹性，则表示头发未受损。当头发兼具所有的特性时，任何造型都很容易做出来。当头发失去前述所有特性时，就会打结和难以打理。

美发师要掌握一些紧急救护知识，以应付一些意外情况，如操作过程中对顾客的损伤或顾客突发伤病等。救护的目的是在医生到来之前，避免伤病的进一步发展。在法律上，美发师有责任维护顾客的健康和安全，应当具备一定的消防知识、安全用电知识、急救知识以及化学药品使用知识。

专题实训

一、个案分析

案例：一位顾客来到发廊烫发，但对烫后的效果不满意，她的上边的头发花纹卷曲度较好，但后部边缘部位的头发花纹卷曲度差，这是什么原因呢? 发生这种情况该如何处理?

①找出烫发失败的原因。

②制定解决方案。

③确认该顾客的头发是否适合再次烫发。

二、专题活动

本次专题活动的主要内容是烫发，之前先要搜集如下头发样本。

①软发。

②烫过的头发。

③受损发。

④漂过的头发。

⑤生发。

根据各种发样将发质状况记录下来，用少量烫发剂进行烫发实验，观察结果，将结果记录下来。

单元二 热烫

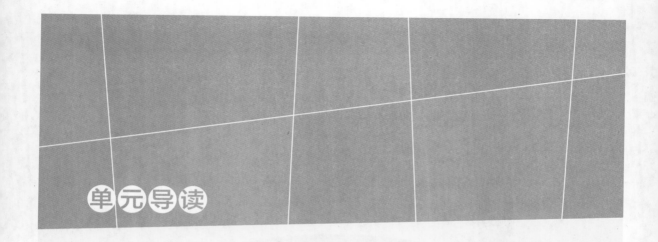

单元导读

内容介绍

　　热烫是在发热卷杠的作用下利用化学药剂的反应完成烫发过程。相对于冷烫而言,热烫湿发时发花卷度不大,干发时卷度比较好,发花卷度有一定的弹性。

单元目标

①让学生认识热烫药水的基本原理。

②能够按照不同发质选择不同的烫发药水。

③能够按照正规手法独自完成软化剂的涂抹。

④能够叙述所有烫发排列的顺序。

⑤能够按照操作顺序完成烫发操作。

项目一 斜卷排列烫发造型

项目描述：

热烫中的斜卷排列（见图2-1-1）是使用最广泛的一种烫发排列方式，适合中、长发，其烫后的效果发卷卷曲自然、易于成型，很受中、长发女士欢迎。

图2-1-1

工作目标：

①能够叙述斜卷排列烫发的操作程序。

②能够掌握软化剂的涂抹方法。

③能够安全熟练地操作烫发机器。

④能够对烫发机器进行简单的维护。

⑤能够按照正确的方法比较熟练地完成烫发操作。

⑥能够将所学知识运用到工作实践中。

一、知识准备

(一)热烫药水的特点

冷烫和热烫两种烫发的原理基本一样,都是通过软化剂将头发内部的二硫链(氢键和盐键)切断,再利用定型剂对切断的二硫链进行重组。热烫药水增加了一些抗热剂和头发营养补充药剂。

(二)斜卷排列烫发适宜人群

①适合所有发质的人。

②适合中等或中等以上发量的人。

③适合中、长发的人。

④适合修剪45°以上层次的发型的人。

(三)所需工具

尖尾梳:用于分区、梳理发片。

热烫卷杠:用物理方式改变头发卷曲程度,通过机器可以加热。

皮筋:将头发固定在卷杠上。

刷子:用来涂抹软化药剂。

手套:保护双手不受损伤。

刷碗:盛放软化药剂。

棉垫:防止烫伤客人头皮,起到隔离作用。

烫发纸:增加头发与卷杠的摩擦系数,将头发包裹住。用法有平铺、对折、两张烫发纸包裹等方法。

围布:遮盖客人颈部以下部位,起到保护作用。

棉条:在头发上卷杠后,将客人发际线周围围住,防止上药水时药水流下来。

肩托:放在客人肩部,用以接住流下的烫发药水。

(四)烫发剂的作用原理

烫发药剂里的1剂(软化剂)对头发进行化学反应,打开头发表面的毛鳞片使头发膨胀,在这状态下软化剂会深入到头发皮质层切断双硫键结构。

在冲洗后用模具固定形状的过程中,双硫键结构会移位形成模具形状。在加温(物理作用)过程中,随着头发受热的温度上升,残留于鳞片中的水分蒸发,同时双硫键进行重新连接,在因水分断开的氢键结构形成的形态下,受到定型剂的氧化会重新恢复双硫键结构,头发就会形成固定的卷曲状。

(五)定型剂

将头发完全烘干后施放定型剂,氧化作用可以使蛋白链间的双硫键重新就近组合,因此使新的形状得以固定。

(六)烫前护理

在烫发前补充蛋白质(LPP),使头发形成一层保护膜,填补发质空洞,增加头发韧性和光泽度,从而改善及抵御外界碱性物质对头发的伤害。

一般受损:只需少量涂抹LPP,加热5分钟。

严重受损:需适量涂抹LPP,加热7分钟。

极度受损:大量涂抹LPP,加热10分钟;冷却后再涂抹LPP,不需加热。

(七)各种卷杠的效果

弹力卷杠效果:发卷饱满,发卷的弹性强,发卷持久,适合健康发质或一般受损发质。

匀力卷杠效果:发卷自然柔和,卷度一致,纹理性强,适合中度和严重受损发质。

无力卷杠效果:发卷自然柔和,发卷不明显,纹理性弱,适合极度受损发质。

(八)热烫机

热烫机的作用是给卷杠加热,让卷杠保持一定温度。热烫机要由专业人员进行操作,并定期检查机器的状况。

二、工作过程

(一) 工作标准（见表2-1-1）

表2-1-1

内容	标　准
准备工作	工作区域干净、整齐，工具齐全、码放整齐，仪器设备安装正确，个人卫生、仪表符合工作要求
操作步骤	能够独立对照操作标准，使用准确的技法，按照规范的操作步骤完成实际操作
操作时间	在规定时间内完成任务
操作标准	斜卷卷杠分区准确
	发片宽度不超过卷杠直径
	从发根至发梢梳顺发片并拉直
	不能折弯发梢
	十字方法绑紧皮筋
整理工作	工作区域整洁、无死角，工具仪器消毒到位，收放整齐

(二) 关键技能

1. 不同发质涂放软化剂的方法

新生发

挑起一束头发将软化剂从发根均匀地涂抹至发梢。

在涂抹软化剂时，离发根3~4cm。包裹保鲜膜，停放时间大约20分钟。停放时间要考虑到头发质量和室温，根据发质及温度适当的延长或缩短等待时间。保鲜膜不要裹得太紧。机器加热时不要离开顾客，以保证顾客的安全。

注意：涂抹软化剂最好是在头发有一定水分的状态下进行。如果头发在完全干燥的状态下涂抹软化剂会对头发造成损伤。

轻度受损发质

从健康的头发开始涂抹软化剂，涂抹时离发根3-4cm。

包裹保鲜膜，停放时间10分钟左右。

再用软化剂涂抹受损头发，然后包裹保鲜膜，停放时间5-15分钟。

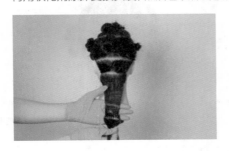 

重度受损发质

从健康的头发开始涂抹软化剂，涂抹完成后包裹保鲜膜，等候时间为5-15分钟。然后涂抹轻度受损的头发，涂抹完成后包裹保鲜膜，停放时间5~10分钟。最后涂抹重度受损的头发，涂抹完成后包裹保鲜膜，停放时间1~5分钟。

注意：要用定时器定好时间。每个人发质不一样，要灵活掌握停放时间。

测试软化

测试时取一小撮头发进行拉伸测试。

能够拉出头发长度的二分之一则为软化完成。

2. 分区

头顶区划分

用尖尾梳从两端前额点到顶部划分出一个U形区域，
为第一区。

注意：区域划分线条清晰，两侧保持一致。

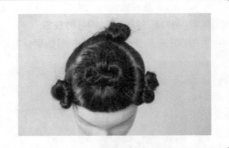

侧区划分

从两耳后点分别垂直向上划分直线连接头顶区分界处，在两耳前点分出的区域为二、三区。

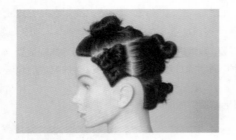

后区划分

在两耳后区从顶部中心点向颈部划分一线形成两区，
为四、五区。

3. 热烫机的使用

主开关

检查机器是否正常，在机器正常状态下打开主开关。

注意：要保持手的干燥。

模式选择

根据头发的质量和顾客的要求选择烫发温度。

注意：不同的烫发设计要求选择不同的烫发模式，不同的模式温度不同。

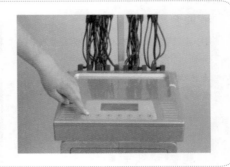

与卷杠连接

将机器上的连接线与卷杠连接。

注意：连接时不要用力拉扯顾客的头发。保持电源连接处的干燥。

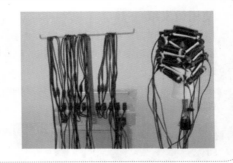

卸掉连接线

等头发完全干燥后拆掉连接线，关掉主开关，把机器推到安全的地方。

注意：不要在机器运行中直接拔掉电源连接线，否则会影响机器寿命。

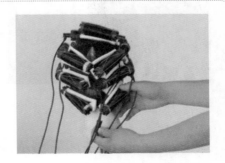

4. 卷杠的方法

底盘设定

斜线划分出一个长方形发片。

梳理发片

用尖尾梳将挑出的发片从发根至发梢梳顺，用食指和中指夹住发片。

注意：梳理发片时要将每根头发垂直梳顺。

使用烫发纸

用单纸的操作方法将发片包住，用手夹住发片使烫发纸与发片同时向发梢滑动，到超过发梢为止。

注意：发梢要梳直、梳顺，不要有窝发梢现象。

卷发杠

开始朝头皮的方向卷发，使发卷与头皮始终保持平行。

注意：两只手的力度要一致。

固定卷杠

右手拿皮筋套在卷杠的左边，拉到卷杠的右端绕在皮筋槽上，然后不要松手捏住卷杠的右端，换左手拉住皮筋套在卷杠的左端。

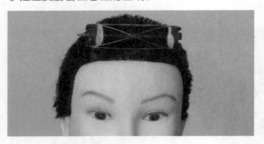

放隔热垫

将隔热垫套到挑出的发片的底端。

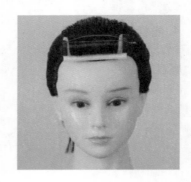

5. 斜卷的排列方法

第一区卷发排列

将第一区的头发平均分成前后两区，先卷前面的发片，再卷后面的发片。

注意：发卷的方向要保持一致。

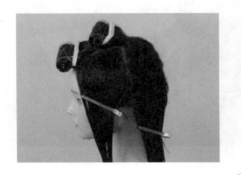

第二、三区卷发排列

同样以斜向后的方式将第二区、第三区的头发均匀地分成两份，先从下面的发片开始进行卷发操作。

注意：两侧区的发卷方向要一致。

第四区卷发排列

使用尖尾梳以斜向后的方式将第四区的头发均匀地分成三份，先从下方的发片进行卷杠。

注意：卷杠要与头皮平行，角度要以发型设计为标准。

第五区卷发排列

第五区的排列和第四区的排列方法一样。

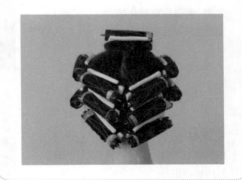

（三）操作流程

1. 烫发前的准备

①接待顾客并更换客袍，收存好顾客衣物和随身物品。

②准备消毒毛巾、手套、消毒围布、软化剂、定型剂、护发素、卷杠、皮筋、烫发纸、防水棉条、吹风机、尖尾梳、肩托、刷子、刷碗、棉垫。

③检查顾客的头皮和发质，选择适合顾客发质的烫发液。

④用适合顾客发质的洗发水洗发。

⑤依据顾客脸形和要求，选择适合的层次修剪造型，为顾客剪发。

2. 操作步骤

分区

用斜卷排列分区方法进行分区。

注意：分区线要清晰。

软化、冲洗、吹头发

根据发质情况进行软化操作。

软化完毕后冲水，将软化剂冲洗干净。

用吹风机的冷风将客人头发吹到六七成干。

注意：要掌握好软化的时间，不要让头发受到不必要的损伤。

卷发杠

按照卷杠方法，以斜卷排列进行操作，并用机器进行加热。

设定时间加热

烫发停放时间为10~20分钟。

注意：加热温度不能过高。烫发机运行时，应有专人看护，并不时地用手将卷杠上的发片掀开一些缝隙，让热气散发出来。

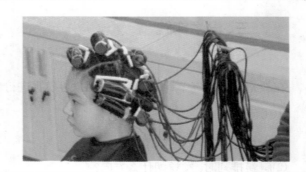

上定型剂

等头发完全冷却后，用棉条沿着发际线围紧，以免定型药水渗下。从下往上均匀地涂抹定型剂。

设定时间、拆卷、洗发

停放15分钟时间。

拆掉全头的卷杠。

轻柔冲洗，然后上护发素。

整型

按照烫发设计打理发型。

三、学生实践

(一) 布置任务

在教室里利用三节课的时间，使用教习模头进行斜卷排列操作。

思考问题：

①斜卷排列如何分区？

②斜卷排列时，发卷朝什么方向？

③热烫的操作程序是什么？

(二) 工作评价（见表2-1-2）

表2-1-2

评价内容	评价标准			评价等级
	A（优秀）	B（良好）	C（及格）	
准备工作	工作区域干净、整齐，工具齐全、码放整齐，仪器设备安装正确，个人卫生、仪表符合工作要求	工作区域干净、整齐，工具齐全、码放比较整齐，仪器设备安装正确，个人卫生、仪表符合工作要求	工作区域比较干净、整齐，工具不齐全、码放不够整齐，仪器设备安装正确，个人卫生、仪表符合工作要求	A B C
操作步骤	能够独立对照操作标准，使用准确的技法，按照规范的操作步骤完成实际操作	能够在同伴的协助下，对照操作标准，使用比较准确的技法，按照比较规范的操作步骤完成实际操作	能够在老师的帮助下，对照操作标准，使用比较准确的技法，按照比较规范的操作步骤完成实际操作	A B C
操作时间	在规定时间内完成任务	在规定时间内，在同伴的协助下完成任务	在规定时间内，在老师帮助下完成任务	A B C
操作标准	斜卷卷杠分区准确	斜卷卷杠分区准确	斜卷卷杠分区不准确	A B C
	发片宽度不宽过卷杠直径	发片宽度与卷杠直径同宽	发片宽度与卷杠直径同宽	A B C
	从发根至发梢梳顺发片并拉直	从发根至发梢梳顺发片并拉直	发片没有梳通顺	A B C

续表

评价内容	评价标准			评价等级
	A（优秀）	B（良好）	C（及格）	
操作标准	未折弯发梢	折弯发梢	折弯发梢	A B C
	用十字方法绑紧皮筋	用十字方法绑紧皮筋	没有绑紧皮筋	A B C
整理工作	工作区域整洁、无死角，工具仪器消毒到位，收放整齐	工作区域整洁，工具仪器消毒到位，收放整齐	工作区域较凌乱，工具仪器消毒到位，收放不整齐	A B C
学生反思				

五、知识链接——毛发的物理性

毛发自身含有一定量的水分起润滑作用，使其容易拉长与回弹。干发或不健康的毛发缺乏弹性。

毛发具有吸湿性，能吸收周围空气中的水分，吸收的程度与毛发的干燥程度和空气的湿度有关。毛发也有孔，毛发结构中存在着极小的管状空间，其吸收水分就像吸墨纸吸收墨水一样。一般吹头发仅能蒸发掉头发表皮的水分，长时间吹发或高温吹发，会去除头发内的水分，使头发变脆且易受损。受损发较健康发的孔多，且容易流失水分，受损发较难以拉长或塑型。

被卷曲的头发一旦吸收水分便能恢复原形，因此空气越干燥，卷度和发型就越持久。同样，将干发弄卷会比将湿发弄卷容易。因为虽然表面干燥，但头发仍在不断吸收水分。用电热钳、热卷、热梳及热刷等工具吹理发型或剪发，都仅具一时的效果。

项目二 直发烫发造型

项目描述：

　　直发烫是属于热烫中的一种烫法，它结合了化学手段和物理手段，通过药剂破坏头发的原有组织结构后，再用夹板把头发强行夹直、夹扁。这样处理后的头发非常顺直（见图2-2-1），在夹扁头发的过程中造成的大量微小折面，能够反射光线，使头发显得富有光泽，所以此种烫发造型打动了不少爱美女士的心。

图2-2-1

工作目标：

①能够叙述直发烫的操作程序。

②能够掌握直发烫工具的使用。

③通过动手实践使学生积极参与教学活动，提高学生的学习兴趣。

④树立职业服务意识，培养严谨认真的工作态度。

一、知识准备

(一) 直发烫的作用

①使烫过的卷发重新变为直发。

②改变头发内部结构,将自然卷发变成直发。

③使头发光亮滑顺。

(二) 直发烫发适宜人群

①适合有自然卷的头发和不直的头发的人。

②适合中等以上发量的人。

③适合中、长发型的人。

④适合修剪45°以上层次的发型的人。

(三) 所需工具

尖尾梳:分区,梳理发片。

手套:保护双手不受损伤。

刷子:用来涂抹软化药剂。

刷碗:盛放软化药剂。

围布:遮盖客人颈部以下部位,起到保护作用。

电夹板:电夹板又叫直发器,是一种用于把头发拉直的高温电子产品。它通过发热体把温度传导到一个金属板或陶瓷板的表面,表面温度一般为180℃~300℃,通过热度把卷发拉直。

(四) 安全使用化妆品和化学品

①不要用食物或饮料包装盛放化妆品。

②避光储存或置于低于、等于室温的干燥环境下。

③远离火源和热源。

④放在孩子拿不到的地方。

⑤依据产品说明正确使用。

⑥使用后,立即盖上瓶盖,以免洒溅。

⑦使用化学品时,要戴防护手套和防护围布。

⑧防止化学品接触皮肤,特别要防止吸入和吞入化学品。

二、工作过程

（一）工作标准（见表2-2-1）

表2-2-1

内容	标　准
准备工作	工作区域干净、整齐，工具齐全、码放整齐，仪器设备安装正确，个人卫生、仪表符合工作要求
操作步骤	能够独立对照操作标准，使用准确的技法，按照规范的操作步骤完成实际操作
操作时间	在规定时间内完成任务
操作标准	直发烫分区准确
	发片宽度不超过2cm
	从发根至发梢梳顺发片并拉直
	不能折弯发梢
整理工作	工作区域整洁、无死角，工具仪器消毒到位，收放整齐

（二）关键技能

1. 烫发分区

头顶区划分

利用尖尾梳从两端前额点到顶部划分出一个U形区域为第一区。

注意：区域划分出线条清晰，两侧保持一致。

侧区划分

从左右耳后点分别垂直向上连接头顶区分界处划分一线，左右耳前两区分别为第二、三区。

后区划分

左耳后到右耳后区域为第四区。

2. 电夹拉直头发的方法

底盘设定
使用尖尾梳以横向划分一束发片，发片厚度1.5cm
左右。

梳理发片
用尖尾梳将挑出的发片从发根至发梢梳顺，用食
指和中指夹住发片。

注意：要将每根头发垂直梳顺。

使用电夹板
用电夹板夹住发片匀速拉向发梢，每3~6秒移动
一个夹板的宽度。每夹完三层发片时，将发片合
为一体再夹1~2遍。

注意：使用夹板时不要紧贴发根，离开发根2cm
左右。发片角度以发型设计为依据。电夹板的移
动速度不宜过快。在发梢停留的时间不要过长。

（三）操作流程

1. 烫发前的准备

①接待顾客并更换客袍，收存好顾客衣物和随身物品。

②准备消毒毛巾、手套、消毒围布、软化剂、定型剂、护发素、夹板、吹风机、尖尾梳、肩托、刷子、刷碗。

③检查顾客的头皮和发质，选择适合顾客发质的烫发液。

④用适合顾客发质的洗发水给顾客洗发。

⑤依据顾客脸形和要求，选择适合的层次修剪造型，为顾客剪发。

2. 拉直头发的操作步骤

分区

用直发烫分区方法进行分区。

注意：分区线要清晰。

软化

根据发质情况进行软化操作。

注意：要掌握好软化时间，不要让头发受到不必要的损伤。

检查软化结果

取出两根头发进行拉扯看回弹情况，判断是否达到软化效果，如果达到软化效果，便用水冲洗。

注意：不要有任何软化剂残留。

吹头发

将全部头发完全吹干。

拉直

按照直发烫方法进行电夹板操作。

上定型剂

完成全部头发拉直后，从下往上，一片一片地均匀涂抹膏状定型剂并设定停放时间15分钟。到时间后进行洗发并涂抹护发素。

定型

按照烫发设计整理发型。

三、学生实践

（一）布置任务

在实训基地利用四课时，以小组为单位，用真人模特进行直发烫操作。

思考问题：

①直发烫是怎样分区的？

②直发烫底盘的形状是什么样子的？

③直发烫和其他烫发的效果一样吗？为什么？

（二）工作评价（见表2-2-2）

表2-2-2

评价内容	评价标准			评价等级
	A（优秀）	B（良好）	C（及格）	
准备工作	工作区域干净、整齐，工具齐全、码放整齐，仪器设备安装正确，个人卫生、仪表符合工作要求	工作区域干净、整齐，工具齐全、码放比较整齐，仪器设备安装正确，个人卫生、仪表符合工作要求	工作区域比较干净、整齐，工具不齐全、码放不够整齐，仪器设备安装正确，个人卫生、仪表符合工作要求	A B C
操作步骤	能够独立对照操作标准，使用准确的技法，按照规范的操作步骤完成实际操作	能够在同伴的协助下，对照操作标准，使用比较准确的技法，按照比较规范的操作步骤完成实际操作	能够在老师的帮助下，对照操作标准，使用比较准确的技法，按照比较规范的操作步骤完成实际操作	A B C
操作时间	在规定时间内完成任务	在规定时间内，在同伴的协助下完成任务	在规定时间内，在老师帮助下完成任务	A B C
操作标准	直发烫分区准确	直发烫分区准确	直发烫分区不准确	A B C
	发片宽度不超过2cm	发片宽度2cm	发片宽度超过2cm	A B C
	从发根至发梢梳顺发片并拉直	从发根至发梢梳顺发片并拉直	发片没有梳通顺	A B C
	未折弯发梢	折弯发梢	折弯发梢	A B C

续表

评价内容	评价标准			评价等级
	A（优秀）	B（良好）	C（及格）	
整理工作	工作区域整洁、无死角，工具仪器消毒到位，收放整齐	工作区域整洁，工具仪器消毒到位，收放整齐	工作区域较凌乱，工具仪器消毒到位，收放不整齐	A B C
学生反思				

 四、知识链接——离子烫后如何护理头发

1. 每天居家护理

头发表面有一层毛鳞片，它不但具有保护头发的功能，还有输送养分的功能。离子烫使毛鳞片从头发表面剥落，因而发质变脆。要想保持秀发美丽，除了定期护发保养之外，每天的居家护理也很重要。

2. 选择滋润型洗护发用品

每天在使用洗发精洗发之后，使用护发素是非常重要的，因为护发素里含有阳离子，在阴阳调和的情形下，毛鳞片会恢复到正常状态，使发型自然美丽。护发素一定要坚持每次都用，不习惯用护发素的人，可选择滋润型的洗发产品。

3. 用氨基酸营养

头发烫后不久，可以选择可修护角质蛋白的含氨基酸的洗护发产品，等到头发恢复到较为强健时，可以使用含有维生素B5、热油护发成分或是与头发成分相近的天然洗发精。

一、个案分析

案例1：李小姐留着漂亮的长发，有规律的波浪花纹得到了许多人的赞赏。然而，多年的卷发已经使她厌烦了，拥有一头滑顺的直发是她的愿望，她想改变自己的形象，于是她找到了发型师，希望能够满足她的要求。我们将怎么帮助她呢？

请根据顾客的要求和头发状况为李小姐提出建议。

首先思考以下几个问题。

①顾客的需求是什么？

②顾客是什么发质？

③根据顾客的要求选择什么样的烫发方式？

④根据李小姐的发质条件如何选择烫发液？

⑤烫后的效果如何？

案例2：一位年轻的女客人来到美发沙龙，由于头发较少所以她想烫发。她的脸形属于椭圆形，头发长度为短发，由于经常染发发梢有些受损。这位客人以前从来不敢烫发，因为她怕烫发的效果会使她显得太成熟。根据顾客的要求及头发状况，你将如何为这位顾客提出建议？

 二、专题活动

本专题的活动内容是热烫，此项活动要求在企业完成，时间为3天，活动内容如下。

实习前：选择三种不同发质的头发，观察发质的特点并记录下来；收集有关烫发知识，记录在实训手册上。

实习中：观察发型师如何进行烫发操作，并将步骤记录下来；观察发型师如何正确使用机器；帮助发型师完成烫发操作。

单元三 特殊烫发

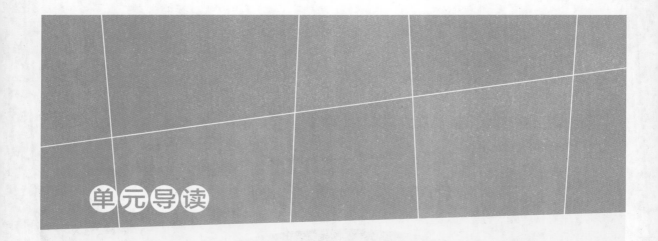

单元导读

内容介绍

传统烫发简洁大方，有热烫和冷烫两种选择，虽然烫发的效果越来越好，但随着人们欣赏水平的不断提高，追求个性化的愿望也越来越强烈，因此美发行业从业者不断创新，出现了特殊烫发这种形式，以满足人们的不同需要。

单元目标

①让学生认识特殊烫发的特性。

②能够完整地叙述烫发造型工作流程。

③能够让学生灵活掌握烫发工具的使用方法。

④通过烫发排列的练习，使学生在实际操作中能顺利完成烫发造型。

项目一 皮卡路烫发造型

项目描述：

皮卡路烫发造型（见图3-1-1）是一款针对短发设计出来的烫发造型，它既能单独作为一种完整的烫发造型，也可以在某个发区做局部烫发造型。其操作灵活，效果自然非常受人们的喜爱。

图3-1-1

工作目标：

①能够叙述皮卡路烫发的操作程序。

②能够掌握皮卡路工具的正确使用方法。

③能够掌握皮卡路烫发的技能要点和特点。

④能够按照烫发方法完成皮卡路烫发的操作。

一、知识准备

(一)皮卡路烫发造型的修饰作用

①使头发自然成形,便于打理。

②使头发蓬松,增加发量。

③使头发有可塑性和变化性,改变外观形象。

④使细发变得更加有弹性,使粗发变得柔顺。

(二)冷烫液的选择

做皮卡路烫发一般选择冷烫药液。冷烫药液分为水状的和啫喱状的,水状的药液要卷好以后涂抹,啫喱状的要先涂抹药液再进行卷发操作。

(三)皮卡路烫发适宜人群

①适合所有发质的人。

②适合4cm以上的短发的人。

(四)所需工具

①尖尾梳:分区,梳理发片。

②夹子:固定皮卡路发卷。

③烫发纸:包裹发片,卷出适合造型的卷度。

④围布:遮盖客人颈部以下部位,起到保护作用。

⑤棉条:卷杠后将客人发际线周围围住,防止上药水时流到顾客皮肤上。

⑥肩托:安放在客人肩部,可以接住流下的烫发药水。

(五)烫发时间长短的依据

①室温:室温高会加速化学反应过程。

②头发的渗透性:渗透性越强,速度越快。

③客人的体温:如果客人头上戴着塑料帽,速度会加快。

④烫发液的强度:越强速度越快。

(六)上定型剂

①由于第二剂有时为保养头发而做成乳液,乳液渗透力比较差,所以施放要充分。

②由于涂抹第二剂时，头发是湿润的，最好在涂抹第二剂前将头发尽量擦至半干或用吹风机烘成半干。

(七) 冷烫设计原则

①统一性原则：全头使用卷杠型号要一致。此种选杠方法适合生发。由于生发没有受到过化学产品的损伤，各部位的头发质量比较一致，所以烫出来的花纹能够保持一致。

②灵活性原则：全头使用的卷杠要大小交替。适合特殊性烫发，根据设计风格不同，各个部位选择的卷杠也不同。

③针对性原则：卷杠上边型号大，下边型号小。此种选杠方法适合受损发质。一般受损发质后部头发质量比顶部头发质量要好，而烫发的特点是受损发质比健康发质容易烫出花纹，所以要想保持全头花纹一致，就要选用不一样的卷杠。

 二、工作过程

(一) 工作标准 (见表3-1-1)

表3-1-1

内容	标 准
准备工作	工作区域干净、整齐，工具齐全、码放整齐，仪器设备安装正确，个人卫生仪表符合工作要求
操作步骤	能够独立对照操作标准，使用准确的技法，按照规范的操作步骤完成实际操作
操作时间	在规定时间内完成任务
操作标准	皮卡路分区准确
	发片宽度不超过卷杠直径
	从发根至发梢梳顺发片并拉直
	不能折弯发梢
	用夹子加紧发卷
整理工作	工作区域整洁、无死角，工具仪器消毒到位，收放整齐

（二）关键技能

1. 卷发方法

取发片

不用分区，使用尖尾梳以头顶旋位为起点取发片，发片的底座形状类似不规则的三角形。

注意：发片的长度不得超过2cm，也不能短于1.5cm。

包裹烫发纸

将烫发纸铺在发片上边，将发片放在烫发纸中间，然后两手配合用烫发纸将发片包裹住。

注意：包裹发片时要保持发片的通顺。

卷发

两手配合将发束卷成一个发卷立在发根上。

注意：卷发时要保持发卷呈圆形。

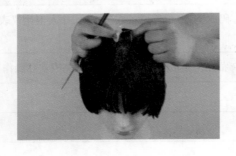

固定

使用夹子固定发卷。

注意：固定时要注意发根和发梢不被夹弯。

（三）操作流程

1. 烫发前的准备

①接待顾客并更换客袍，收存好顾客衣物和随身物品。

②准备消毒毛巾、消毒围布、洗发液、护发素、夹子、烫发纸、烫发药液、防水棉条、吹

风机、尖尾梳、肩托。

③检查顾客的头发和头皮，选择烫发液。

④用适合顾客发质的洗发水进行洗发。

⑤根据烫发设计方案，进行修剪造型。

2. 操作步骤

卷发

按照皮卡路上卷方法，按烫发设计进行卷发排列操作。

注意：卷发排列尽量为砌砖的形式，这样烫后不会留下明显的痕迹。

采取保护措施

为了保护顾客皮肤，要先把防水棉条沿着顾客的发际线围好、将肩托轻轻地放在顾客的肩上。

注意：操作时不要太用力。

上烫发药水

一手拿住毛巾，将毛巾托在顾客颈部，防止药水滴到顾客的皮肤上，一手拿着烫发药水瓶，按照每区从下往上的顺序重复涂放烫发药水。

设定时间

烫发停放时间大约为15分钟。

注意：时间设定以产品说明书为依据，并考虑顾客的发质情况及设计要求。

查卷

打开一个发卷，将发卷拆至一半，然后回弹，观察头发的卷度是否达到设计要求。

用清水冲掉头发上的所有烫发药剂。

注意：冲水时不要拆掉发卷。

上定型剂

用棉条沿着发际线围紧，以免定型药水流到顾客的脸上。上定型液的顺序从下往上均匀地涂抹。

冷烫定型的停放时间为10分钟。

拆卷

拆掉全头的卷杠，轻柔冲洗，然后上护发素。

造型

按照烫发效果打理发型。

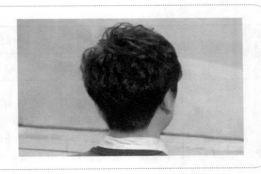

 三、学生实践

(一) 布置任务

在实训教室利用四节课的时间, 使用教学假发进行皮卡路排列操作, 操作前以小组为单位进行设计。

思考问题:

①皮卡路烫发排列与哪款烫发排列相似?

②烫发纸是怎样包裹发片的?

③烫发的程序是怎样的?

④烫后的效果是什么样的?

(二) 工作评价 (见表3-1-2)

表3-1-2

评价内容	评价标准			评价等级
	A(优秀)	B(良好)	C(及格)	
准备工作	工作区域干净、整齐, 工具齐全、码放整齐, 仪器设备安装正确, 个人卫生、仪表符合工作要求	工作区域干净、整齐, 工具齐全、码放比较整齐, 仪器设备安装正确, 个人卫生、仪表符合工作要求	工作区域比较干净、整齐, 工具不齐全、码放不够整齐, 仪器设备安装正确, 个人卫生、仪表符合工作要求	A B C

续表

评价内容	评价标准			评价等级
	A（优秀）	B（良好）	C（及格）	
操作步骤	能够独立对照操作标准，使用准确的技法，按照规范的操作步骤完成实际操作	能够在同伴的协助下，对照操作标准，使用比较准确的技法，按照比较规范的操作步骤完成实际操作	能够在老师的帮助下，对照操作标准，使用比较准确的技法，按照比较规范的操作步骤完成实际操作	A B C
操作时间	在规定时间内完成任务	在规定时间内，在同伴的协助下完成任务	在规定时间内，在老师帮助下完成任务	A B C
操作标准	皮卡路分区准确	皮卡路分区准确	皮卡路区不准确	A B C
	发片宽度不宽过卷杠直径	发片宽度与卷杠直径同宽	发片宽度与卷杠直径同宽	A B C
	从发根至发梢梳顺发片并拉直	从发根至发梢梳顺发片并拉直	发片没有梳通顺	A B C
	不能折弯发梢	折弯发梢	折弯发梢	A B C
	用夹子加紧发卷	用夹子加紧发卷	用夹子没有加紧发卷	A B C
整理工作	工作区域整洁、无死角，工具仪器消毒到位，收放整齐	工作区域整洁，工具仪器消毒到位，收放整齐	工作区域较凌乱，工具仪器消毒到位，收放不整齐	A B C
学生反思				

 四、知识链接——皮肤构成

皮肤由数个不同的细胞组织层所构成，最外层称为表皮，表皮又细分为数层。

①角质层在皮肤最表层，是坚硬的角质化层。角质层会不断磨损、脱落，从而被下层的组织所替换。

②角质层的下一层是透明层，呈透明状，能使下层的颜色透现，不含黑色素，但细胞含有毛发的主要蛋白质——角质素。

③再下一层是颗粒层，存在于下层较软的活细胞与上层较硬的枯死细胞之间。由颗粒状的组织构成。

④棘状层由较柔软且活跃的活棘细胞与马氏细胞组成。马氏细胞含有能影响肤色的黑色素。

⑤生长层位于表皮的最下层，此处拥有最活跃的皮肤细胞，其质地较柔软，较具脂感。

项目二 锡纸烫烫发造型

项目描述:

锡纸烫是一种比较时尚的烫发方法,它是借用锡纸将头发一束束包起并固定,其效果奔放而不凌乱(见图3-2-1),打理起来又比较方便,既可对全头实施,也可在局部实施。这款烫发造型主要针对那些个性较强、头发较少、又不想花费太多时间去打理头发的顾客。

图3-2-1

工作目标:

①能够叙述锡纸烫的操作程序。

②能够掌握锡纸烫工具的正确使用方法。

③能够掌握锡纸烫头发的卷曲程度。

④能够根据设计完成烫发操作。

一、知识准备

(一) 锡纸烫的特点

锡纸烫是用手工加锡纸卷烫的方法，使发丝呈缕状，发丝卷曲随意、自由而又不显凌乱、轻盈飘逸、富于动感，既时尚又不夸张。

(二) 锡纸烫发造型的修饰作用

①改善脸形、头形的不足。

②使头发蓬松，增加发量。

③使头发有可塑性和变化性，改变外观形象。

(三) 冷烫剂的选择

锡纸烫的烫发剂以啫喱状的冷烫剂为主，此种冷烫剂涂抹方便，不会流到其他的部位。

(四) 锡纸烫发适合的人群

①除了严重受损的发质，其他发质的人都可以。

②适合4cm以上的短发的人。

③适合自由工作者或对发型要求不是很严格的公司。

(五) 所需工具

①尖尾梳：分区，梳理发片。

②手套：保护自己的双手不受损伤。

③锡纸：包裹发片。

④喷壶：喷洒定型剂。

⑤围布：遮盖客人颈部以下部位，起到保护作用。

⑥棉条：卷杠后将客人发际线周围围住，防止药水流到皮肤上。

⑦肩托：安放在客人肩部，可以接住流下来的烫发药水。

二、工作过程

(一)工作标准（见表3-2-1）

表3-2-1

内容	标准
准备工作	工作区域干净、整齐，工具齐全、码放整齐，仪器设备安装正确，个人卫生仪表符合工作要求
操作步骤	能够独立对照操作标准，使用准确的技法，按照规范的操作步骤完成实际操作
操作时间	在规定时间内完成任务
操作标准	锡纸烫分区准确
	发片宽度不得超过2cm
	从根至梢梳顺发片并拉直
	不能折弯发梢
	用锡纸包裹住发片
整理工作	工作区域整洁、无死角，工具仪器消毒到位，收放整齐

(二)关键技能

取发片

不用分区，使用尖尾梳以发旋位为起点取发片，发片的底盘形状可以为不规则的三角形、方形、圆形或菱形，按照烫发设计进行卷发排列。

注意：发片的宽度不得超过2cm，也不得短于1.5cm。

包裹发片

挑起一绺头发,用锡纸将其包住,拧紧。

注意:包裹发片时,要保持发片的通顺。

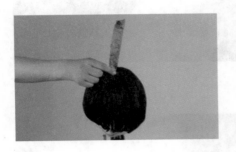

拧卷

用一只手的大拇指和食指捏住并按住发根,另一只手从发根开始向上拧紧发片。

注意:拧卷的力度和密度直接影响烫发的效果。

(三)操作流程

1. 准备工作

①接待顾客并更换客袍,收存好顾客衣物和随身物品。

②准备消毒毛巾、消毒围布、洗发液、护发素、喷壶、锡纸、烫发药水、防水棉条、吹风机、尖尾梳、肩托。

③检查顾客头皮和发质,选择烫发液。

④用适合顾客发质的洗发水进行洗发。

⑤根据烫发设计方案,进行修剪造型。

2. 操作步骤

拧卷

先涂抹烫发剂,再以拧卷的方法,按照烫发设计进行排列操作。

注意:拧卷时,要保持所有发片力度一致,否则烫后的效果参差不齐。

设定时间

设定停放时间为15分钟。

查卷

拆开一个发卷，观察头发的卷度是否达到设计要求。

拆卷

拆掉所有锡纸。

上定型剂

用棉条沿着发际线围紧，以免定型药水渗下。使用喷壶从下往上均匀地将所有发卷喷洒上定型剂。

设定时间

停放时间为10分钟，到时间后将烫发药水
冲掉。

造型

按照烫发设计整理发型

 ## 三、学生实践

（一）布置任务

利用四节课的时间，使用教学假发进行皮卡路卷杠排列操作，并以小组为单位进行讨论。

思考问题：

①锡纸烫与皮卡路烫发的排列是否一致？

②锡纸烫的效果是什么？

(二) 工作评价 (见表3-2-2)

表3-2-2

评价内容	评价标准			评价等级
	A (优秀)	B (良好)	C (及格)	
准备工作	工作区域干净、整齐，工具齐全、码放整齐，仪器设备安装正确，个人卫生、仪表符合工作要求	工作区域干净、整齐，工具齐全、码放比较整齐，仪器设备安装正确，个人卫生、仪表符合工作要求	工作区域比较干净、整齐，工具不齐全、码放不够整齐，仪器设备安装正确，个人卫生、仪表符合工作要求	A B C
操作步骤	能够独立对照操作标准，使用准确的技法，按照规范的操作步骤完成实际操作	能够在同伴的协助下，对照操作标准，使用比较准确的技法，按照比较规范的操作步骤完成实际操作	能够在老师的帮助下，对照操作标准，使用比较准确的技法，按照比较规范的操作步骤完成实际操作	A B C
操作时间	在规定时间内完成任务	在规定时间内，在同伴的协助下完成任务	在规定时间内，在老师帮助下完成任务	A B C
操作标准	锡纸烫底盘分区准确	锡纸烫底盘分区准确	锡纸烫底盘区不准确	A B C
	发片宽度不超过2cm	发片宽度2cm	发片宽度2cm	A B C
	从发根至发梢梳顺发片并拉直	从发根至发梢梳顺发片并拉直	发片没有梳通顺	A B C
	未折弯发梢	折弯发梢	折弯发梢	A B C
	用锡纸加紧发卷	用锡纸加紧发卷	用锡纸没有加紧发卷	A B C
整理工作	工作区域整洁、无死角，工具仪器消毒到位，收放整齐	工作区域整洁，工具仪器消毒到位，收放整齐	工作区域较凌乱，工具仪器消毒到位，收放不整齐	A B C
学生反思				

四、知识链接——洗发剂与水质

洗发除了洗发剂之外，水质、水温的选择也是很重要的，水有硬水和软水两种。

水中有丰富的化合物。溶有大量的可溶性矿物质，如钙、镁的金属氯化物或硫酸盐的水，被称为"永久硬水"，含过量的酸或碳酸钙、碳酸镁的水被称为"暂时硬水"。后者可以利用煮沸的方法去除矿物质，使之成为软水，前者则必须加药物或利用离子交换法才能转化为软水。

洗发时，硬水因含有过量的矿物质，使洗发剂呈不融性，导致杂质粘在头发上，使头发干涩。软水内含有极微量的矿物质，洗后头发光滑柔软。

洗发水温以38℃～42℃最理想，水太烫容易使头发受损。

 一、个案分析

案例：王小姐是位年轻时尚的女性，她的头发油而细，她不满意上次在其他发廊做的头发，今天她来到我们这里，你该如何应对？请根据这位顾客的情况，列出下边事项的流程，并记录下来。

①咨询、检测等步骤。

②产品及设备的适当选择。

③采取的措施。

④你提出的建议。

 二、专题活动

郭小姐28岁，好几年都没有烫头发了，她从心里就对烫发有一种抵触情绪，原因是在几年前曾因烫发而使一次求职面试失败。失败的烫发给她留下了心理阴影，从此她不再烫发。有一天，她要参加好朋友的婚礼，在大家的一再劝说下，她走进了美发厅。发型师为她设计了一款烫发造型，但沟通了好久郭小姐都拿不定主意，最后还是在亲朋好友的劝说下才同意烫发。

你看完这个案例后有什么想法？你身边的人是否也有过郭小姐这样的经历？请带着以下问题下到企业去寻找答案。

①什么样的烫发效果会让郭小姐如此不满意？

②你认为什么样的烫发效果会使郭小姐满意？

③在企业请观察美发师是如何为顾客设计烫发造型的。

④在企业请观察发型师是如何解决顾客提出的问题的。

⑤请观察顾客对你所在企业服务质量的反映。